SITZUNGSBERICHTE DER SÄCHSISCHEN AKADEMIE
DER WISSENSCHAFTEN ZU LEIPZIG

Mathematisch-naturwissenschaftliche Klasse
Band 108 · Heft 5

WOLFGANG TUTSCHKE

DAS REZIPROZITÄTSTHEOREM FÜR EINE KLASSE PSEUDOHOLOMORPHER FUNKTIONEN MEHRERER KOMPLEXER VARIABLER

AKADEMIE-VERLAG · BERLIN
1969

BERICHTE ÜBER DIE VERHANDLUNGEN DER SÄCHSISCHEN AKADEMIE DER WISSENSCHAFTEN ZU LEIPZIG

MATHEMATISCH-NATURWISSENSCHAFTLICHE KLASSE

Verfasser- und Sachregister 1896–1945 der Abhandlungen und Berichte
1961. 100 Seiten – gr. 8° – M 7,80

Band 97

Heft 1*) Prof. Dr. ERICH STRACK, Beobachtungen über den endogenen Anteil des Kot-Stickstoffs. 1949
Heft 2*) Prof. Dr. ERNST HÖLDER, Über die Variationsprinzipe der Mechanik der Kontinua. 1950
Heft 3*) Dr. H. GERSTNER / Dr. H. BAARK / Dr. H. GRAUL, Der Wechselstromwiderstand der Froschhaut. 1950
Heft 4*) Prof. Dr. HERBERT BECKERT, Existenz- und Eindeutigkeitsbeweise für das Differenzverfahren zur Lösung des Anfangswertproblems, des gemischten Anfangs-Randwert- und des charakteristischen Problems einer hyperbolischen Differentialgleichung zweiter Ordnung mit zwei unabhängigen Varaiblen. 1950
Heft 5*) Prof. Dr. HERBERT BECKERT, Über quasilineare hyperbolische Systeme partieller Differentialgleichungen erster Ordnung mit zwei unabhängigen Variablen. Das Anfangswertproblem, die gemischte Anfangs-Randwertaufgabe, das charakteristische Problem. 1950
Heft 6*) Prof. Dr.-Ing. ENNO HEIDEBROEK, Das Verhalten von zähen Flüssigkeiten, insbesondere Schmierflüssigkeiten, in engen Spalten. 1952
Heft 7*) Prof. Dr. HANS SCHUBERT, Über eine lineare Integrodifferentialgleichung mit Zusatzkern. 1950
Heft 8*) Dipl.-Phys. HELMAR KRUPP, Bestimmung der allgemeinen Lösung der Schrödinger-Gleichung für Coulomb-Potential. 1950

Band 98

Heft 1*) Prof. Dr. WALTER SCHNEE, Über magische Quadrate und lineare Gitterpunktprobleme. 1951
Heft 2 Prof. Dr.-Ing. ENNO HEIDENROCEK, Über die Beziehungen zwischen Schmierung und Verschleiß bei geschmierter Gleitreibung. Nachdr. 1954. 36 Seiten – 5 Abb. – 8° – M 2,75
Heft 3*) Prof. Dr.-Ing. e. h. KARL KEGEL, Der Salzstock Mirowo bei Provadia in Bulgarien. 1951
Heft 4*) Prof. Dr. HERBERT BECKERT / Prof. Dr. HANS SALIÉ, Bemerkungen über die Verbiegung hyperbolisch gekrümmter Flächenstärke / Über Abels Verallgemeinerung der binomischen Formel. 1951
Heft 5*) Prof. Dr. ERICH STRACK, Die Dauerinfusion als Verfahren zur Erforschung des Kohlenhydratstoffwechsels des Tierkörpers. 1952

Band 99

Heft 1*) Prof. Dr. HEINRICH BRANDT, Über das quadratische Reziprozitätsgesetz. 1951
Heft 2*) Prof. Dr. G. SPACKELER, Der Gebirgsdruck und seine Beherrschung durch den Bergmann. 1951
Heft 3 Prof. Dr. ERNST DIEPSCHLAG, Die Anwendbarkeit der Regelungstechnik in der Hüttenindustrie
1952. 38 Seiten – 12 Abbildungen – 8° – M 3,90
Heft 4*) Prof. Dr. ALBERT FROMME, Die Bedeutung der Entwicklungsgeschichte, besonders des Mesenchyms, für die Klinik. 1952
Heft 5 Dr. ROBERT BÖKER, Die Entstehung der Sternsphäre Arats
1952. 68 Seiten – 4 Abbildungen – 2 Falttafeln – 3 Tabellen – 8° – M 5,60

Band 100

Heft 1 Prof. Dr. HEINRICH BRANDT, Über Stammfaktoren bei ternären quadratischen Formen
1952. 24 Seiten – 8° – M 2,25
Heft 2 Dr. PAUL GÜNTHER, Zur Gültigkeit des Huygensschen Prinzips bei partiellen Differentialgleichungen vom normalen hyperbolischen Typus 1952. 43 Seiten – 8° – M 5,–
Heft 3 Dr. ALFRED MÜLLER, Die Schaubarkeit in der Axonometrie
1952. 22 Seiten – 3 Falttafeln – 8° – M 3,–
Heft 4 Prof. Dr.-Ing. ENNO HEIDEBROEK, Die Beziehungen zwischen Härte, Schmierung und Verschleißfestigkeit Nachdruck 1954. 40 Seiten – 10 Abbildungen – 8° – M 3,40
Heft 5 Prof. Dr. ROBERT SCHRÖDER, Frauenheilkunde in Forschung und Praxis
1952. 22 Seiten – 8° – M 1,35
Heft 6 Dr. ROLF REISSIG, Die pandiagonalen Quadrate vierter Ordnung. 1952. 54 S. – 8° – M 5,–
Heft 7 Prof. Dr. MAX ROBITZSCH, Die Erforschung der Atmosphäre, ihre Methodik und ihre Probleme
1953. 30 Seiten – 12 Abbildungen – 4 Kunstdrucktafeln – 8° – M 2,50

Band 101

Heft 1 Prof. Dr. KURT SCHWABE, Periodische Erscheinungen bei der anodischen Auflösung des Zinks
1954. 33 Seiten – 14 Abbildungen – 8° – M 3,–
Heft 2 Dr. UDO PIRL, Positive Lösungen einer nichtlinearen Integralgleichung
1953. 44 Seiten – 2 Abbildungen – 8° – M 4,–
Heft 3*) Dr. JOACHIM FOCKE, Asymptotische Entwicklungen mittels der Methode der stationären Phase.
2., unveränderte Auflage. 1967
Heft 4*) Prof. Dr. HANS SALIÉ, Zur Verteilung natürlicher Zahlen auf elementfremde Klassen. 1954

*) *vergriffen*

Fortsetzung auf der 3. Umschlagseite

SITZUNGSBERICHTE DER SÄCHSISCHEN AKADEMIE
DER WISSENSCHAFTEN ZU LEIPZIG

Mathematisch-naturwissenschaftliche Klasse
Band 108 · Heft 5

WOLFGANG TUTSCHKE

DAS REZIPROZITÄTSTHEOREM FÜR EINE KLASSE PSEUDOHOLOMORPHER FUNKTIONEN MEHRERER KOMPLEXER VARIABLER

AKADEMIE-VERLAG · BERLIN
1969

Vorgelegt durch Herrn Maier in der Sitzung vom 9. Dezember 1968
Manuskript eingeliefert am 9. Dezember 1968
Druckfertig erklärt am 13. April 1969

Erschienen im Akademie-Verlag GmbH, 108 Berlin, Leipziger Straße 3 – 4

Lizenznummer: 202 · 100/402/69
Gesamtherstellung: VEB Druckerei „Thomas Müntzer", 582 Bad Langensalza
Bestellnummer: 2027/108/5 · ES 19 B 2
3,30

Die Bedeutung der Theorie der pseudoholomorphen Funktionen besteht bekanntlich darin, daß durch sie funktionentheoretische Gesichtspunkte auf die Theorie partieller Differentialgleichungssysteme — die allgemeiner als das CAUCHY-RIEMANNsche System sind — angewandt werden können. Eine für die eindimensionale Theorie grundlegende Aussage ist das Reziprozitätstheorem (vgl. [1, 8]), nach dem pseudoholomorphe Funktionen $w(z)$ auf holomorphe Funktionen $\Phi(z)$ zurückgeführt werden können:

$$w(z) = \Phi(z) \cdot \exp \omega(z) \qquad \text{(Formel von THEODORESCU).}$$

In der folgenden Arbeit soll für eine Klasse pseudoholomorpher Funktionen gezeigt werden, wie analog auch bei mehreren komplexen Variablen pseudoholomorphe Funktionen auf holomorphe zurückgeführt werden können. Dabei spielt in die lokalen Fragestellungen die Theorie der vollständigen partiellen Differentialgleichungssysteme für mehrere zu bestimmende Funktionen hinein; globale Gesichtspunkte führen auf das COUSINsche Problem (COUSIN II).

Durch das Reziprozitätstheorem folgt zum Beispiel, daß das Nullstellengebilde einer pseudoholomorphen Funktion mehrerer komplexer Variabler eine analytische Menge ist. Andererseits ergeben sich Beweise für die Existenz pseudoholomorpher Funktionen mit bestimmten Eigenschaften. Z. B. wird die globale Existenz einer nullstellenfreien pseudoholomorphen Funktion nachgewiesen.

1. Integrationsprobleme für partielle Differentialgleichungssysteme im Komplexen

Gesucht werden komplexwertige Funktionen

$$w(z_1, \ldots, z_n) = u(x_1, \ldots, x_n, y_1, \ldots, y_n) + i\, v(x_1, \ldots, x_n, y_1, \ldots, y_n)\,.$$

Realteil u und Imaginärteil v von w sollen stetige partielle Ableitungen erster Ordnung besitzen. Dann wird definiert

$$\frac{\partial w}{\partial z_j} = \frac{1}{2}\left(\frac{\partial u}{\partial x_j} + \frac{\partial v}{\partial y_j}\right) + \frac{i}{2}\left(\frac{\partial v}{\partial x_j} - \frac{\partial u}{\partial y_j}\right),$$

$$\frac{\partial w}{\partial z_j^*} = \frac{1}{2}\left(\frac{\partial u}{\partial x_j} - \frac{\partial v}{\partial y_j}\right) + \frac{i}{2}\left(\frac{\partial v}{\partial x_j} + \frac{\partial u}{\partial y_j}\right).$$

Setzt man $\varepsilon = +1$ im Fall der Ableitung $\frac{\partial w}{\partial z_j}$ und $\varepsilon = -1$ im Fall von $\frac{\partial w}{\partial z_j^*}$, so kann man $\frac{\partial w}{\partial z_j}$ und $\frac{\partial w}{\partial z_j^*}$ zusammenfassend durch

$$\frac{1}{2}\left(\frac{\partial u}{\partial x_j} + \varepsilon\,\frac{\partial v}{\partial x_j}\right) + \frac{i}{2}\left(\frac{\partial v}{\partial x_j} - \varepsilon\,\frac{\partial u}{\partial y_j}\right)$$

ausdrücken.

Für $j = 1, \ldots, n$ seien $f_j = a_j + i\,b_j$ und $g_j = c_j + i\,d_j$ in G (Gebiet des C^n) definierte komplexwertige Funktionen. Die reellwertigen Funktionen

$$a_j(x_1, \ldots, x_n, y_1, \ldots, y_n)\,, \qquad b_j(x_1, \ldots, x_n, y_1, \ldots, y_n)\,,$$
$$c_j(x_1, \ldots, x_n, y_1, \ldots, y_n) \quad \text{und} \quad d_j(x_1, \ldots, x_n, y_1, \ldots, y_n)$$

sollen (lokal) Potenzreihenentwicklungen zulassen. Dann werden Lösungen der Differentialgleichungssysteme

$$\frac{\partial w}{\partial z_j} = f_j + g_j\,w \tag{1}$$

bzw.

$$\frac{\partial w}{\partial z_j^*} = f_j + g_j\,w \tag{2}$$

$(j = 1, \ldots, n)$ gesucht. Spaltet man die komplexen Systeme (1) bzw. (2) in reelle Differentialgleichungssysteme für u und v auf, so ergibt sich

$$\left.\begin{aligned} \varepsilon\,\frac{\partial v}{\partial y_j} &= \frac{\partial u}{\partial x_j} + 2\,a_j + 2\,c_j\,u - 2\,d_j\,v\,, \\ -\varepsilon\,\frac{\partial u}{\partial y_j} &= -\frac{\partial v}{\partial x_j} + 2\,b_j + 2\,d_j\,u + 2\,c_j\,u\,, \end{aligned}\right\} \tag{3}$$

wobei $\varepsilon = 1$ im Fall des Systems (1) und $\varepsilon = -1$ im Fall des Systems (2) zu setzen ist. Aus (3) erkennt man, daß die Ableitungen $\frac{\partial u}{\partial x_j}, \frac{\partial v}{\partial x_j}$ parametrisch sind, während $\frac{\partial u}{\partial y_j}, \frac{\partial v}{\partial y_j}$ wesentliche Ableitungen sind[1]).

Um die Vollständigkeitsbedingungen (Integrierbarkeitsbedingungen) für das System (3) anzugeben, werden die Gleichungen (3) differenziert:

$$\varepsilon\,\frac{\partial^2 v}{\partial y_j\,\partial x_k} = -\frac{\partial^2 u}{\partial x_j\,\partial x_k} + 2\,\frac{\partial a_j}{\partial x_k} + 2\,\frac{\partial c_j}{\partial x_k}\,u - 2\,\frac{\partial d_j}{\partial x_k}\,v + 2\,c_j\,\frac{\partial u}{\partial x_k} - 2\,d_j\,\frac{\partial v}{\partial x_k}\,, \tag{4}$$

$$\varepsilon\,\frac{\partial^2 v}{\partial y_j\,\partial y_k} = -\frac{\partial^2 u}{\partial x_j\,\partial y_k} + 2\,\frac{\partial a_j}{\partial y_k} + 2\,\frac{\partial c_j}{\partial y_k}\,u - 2\,\frac{\partial d_j}{\partial y_k}\,v + 2\,c_j\,\frac{\partial u}{\partial y_k} - 2\,d_j\,\frac{\partial v}{\partial y_k}\,, \tag{5}$$

---

[1]) Welche Ableitungen wesentlich und welche parametrisch sind, hängt davon ab, nach welchen Ableitungen man auflöst.

$$-\varepsilon \frac{\partial^2 u}{\partial y_j\, \partial x_k} = -\frac{\partial^2 v}{\partial x_j\, \partial x_k} + 2\frac{\partial b_j}{\partial x_k} + 2\frac{\partial d_j}{\partial x_k} u + 2\frac{\partial c_j}{\partial x_k} v + 2\, d_j \frac{\partial u}{\partial x_k} + 2\, c_j \frac{\partial v}{\partial x_k}, \tag{6}$$

$$-\varepsilon \frac{\partial^2 u}{\partial y_j\, \partial y_k} = -\frac{\partial^2 v}{\partial x_j\, \partial y_k} + 2\frac{\partial b_j}{\partial y_k} + 2\frac{\partial d_j}{\partial y_k} u + 2\frac{\partial c_j}{\partial y_k} v + 2\, d_j \frac{\partial u}{\partial y_k} + 2\, c_j \frac{\partial v}{\partial y_k}. \tag{7}$$

Setzt man (6) in (5) und (4) in (7) ein, so folgt für die zweifach wesentliche Ableitung zweiter Ordnung:

$$\begin{aligned}\varepsilon \cdot \frac{\partial^2 v}{\partial y_j\, \partial y_k} = {} & -\varepsilon \frac{\partial^2 v}{\partial x_j\, \partial x_k} + 2\,\varepsilon \frac{\partial b_k}{\partial x_j} + 2\,\varepsilon \frac{\partial d_k}{\partial x_j} \cdot u + 2\,\varepsilon \frac{\partial c_k}{\partial x_j} v + 2\,\varepsilon\, d_k \frac{\partial u}{\partial x_k} \\ & + 2\,\varepsilon\, c_k \frac{\partial v}{\partial x_j} + 2\frac{\partial a_j}{\partial y_k} + 2\frac{\partial c_j}{\partial y_k} u - 2\frac{\partial d_j}{\partial y_k} v + 2\, c_j \frac{\partial u}{\partial y_k} \\ & - 2\, d_j \frac{\partial v}{\partial y_k},\end{aligned} \tag{8}$$

$$\begin{aligned}\varepsilon \frac{\partial^2 u}{\partial y_j\, \partial y_k} = {} & -\varepsilon \frac{\partial^2 u}{\partial x_k\, \partial x_j} + 2\,\varepsilon \frac{\partial a_k}{\partial x_j} + 2\,\varepsilon \frac{\partial c_k}{\partial x_j} u - 2\,\varepsilon \frac{\partial d_k}{\partial x_j} v \\ & + 2\,\varepsilon\, c_k \frac{\partial u}{\partial x_j} - 2\,\varepsilon\, d_k \frac{\partial v}{\partial x_j} - 2\frac{\partial b_j}{\partial y_k} - 2\frac{\partial d_j}{\partial y_k} u - 2\frac{\partial c_j}{\partial y_k} v \\ & - 2\, d_j \frac{\partial u}{\partial y_k} - 2\, c_j \frac{\partial v}{\partial y_k}.\end{aligned} \tag{9}$$

In (8) werden für $\frac{\partial u}{\partial y_k}, \frac{\partial v}{\partial y_k}$ die aus (3) folgenden Werte eingesetzt. Setzt man den dadurch entstehenden Ausdruck für $\varepsilon \frac{\partial^2 v}{\partial y_j\, \partial y_k}$ mit dem entsprechenden Ausdruck für $\varepsilon \frac{\partial^2 v}{\partial y_k\, \partial y_j}$ gleich, so erhält man

$$\begin{aligned}0 = {} & \left(\frac{\partial a_j}{\partial y_k} - \varepsilon \frac{\partial b_j}{\partial x_k} - \frac{\partial a_k}{\partial y_j} + \varepsilon \frac{\partial b_k}{\partial x_j}\right) + 2\,\varepsilon\,(a_j\, d_k + b_j\, c_k - a_k\, d_j - b_k\, c_j) \\ & + u\left(\frac{\partial c_j}{\partial y_k} - \varepsilon \frac{\partial d_j}{\partial x_k} - \frac{\partial c_k}{\partial y_j} + \varepsilon \frac{\partial d_k}{\partial x_j}\right) + v\left(-\varepsilon \frac{\partial c_j}{\partial x_k} - \frac{\partial d_j}{\partial y_k} + \varepsilon \frac{\partial c_k}{\partial x_j} + \frac{\partial d_k}{\partial y_j}\right).\end{aligned} \tag{10}$$

Durch eine entsprechende Rechnung folgt aus (9)

$$\begin{aligned}0 = {} & \left(-\varepsilon \frac{\partial a_j}{\partial x_k} - \frac{\partial b_j}{\partial y_k} + \varepsilon \frac{\partial a_k}{\partial x_j} + \frac{\partial b_k}{\partial y_j}\right) + 2\,\varepsilon\,(a_j\, c_k - b_j\, d_k - a_k\, c_j + b_k\, d_j) \\ & + u\left(-\varepsilon \frac{\partial c_j}{\partial x_k} - \frac{\partial d_j}{\partial y_k} + \varepsilon \frac{\partial c_k}{\partial x_j} + \frac{\partial d_k}{\partial y_j}\right) + v\left(-\frac{\partial c_j}{\partial y_k} + \varepsilon \frac{\partial d_j}{\partial x_k} + \frac{\partial c_k}{\partial y_j} - \varepsilon \frac{\partial d_k}{\partial x_j}\right).\end{aligned} \tag{11}$$

Die Gleichungen (10), (11) sind identisch in u, v erfüllt, wenn gilt (Vollständigkeitsbedingung)

$$\frac{\partial c_j}{\partial x_k} + \varepsilon \frac{\partial d_j}{\partial y_k} = \frac{\partial c_k}{\partial x_j} + \varepsilon \frac{\partial d_k}{\partial y_j}, \tag{12}$$

$$\frac{\partial d_j}{\partial x_k} - \varepsilon \frac{\partial c_j}{\partial y_k} = \frac{\partial d_k}{\partial x_j} - \varepsilon \frac{\partial c_k}{\partial y_j}, \tag{13}$$

$$\frac{1}{2}\left(\frac{\partial a_k}{\partial x_j} + \varepsilon \frac{\partial b_k}{\partial y_j}\right) - \frac{1}{2}\left(\frac{\partial a_j}{\partial x_k} + \varepsilon \frac{\partial b_j}{\partial y_k}\right) = (a_k c_j - b_k d_j) - (a_j c_k - b_j d_k), \tag{14}$$

$$\frac{1}{2}\left(\frac{\partial b_k}{\partial x_j} - \varepsilon \frac{\partial a_k}{\partial y_j}\right) - \frac{1}{2}\left(\frac{\partial b_j}{\partial x_k} - \varepsilon \frac{\partial a_j}{\partial y_k}\right) = (d_j a_k + c_j b_k) - (d_k a_j + c_k b_j). \tag{15}$$

Die Gleichungen (12), (13) kann man komplex zu

$$\frac{\partial g_j}{\partial z_k} = \frac{\partial g_k}{\partial z_j} \tag{16}$$

im Fall $\varepsilon = +1$ bzw. zu

$$\frac{\partial g_j}{\partial z_k^*} = \frac{\partial g_k}{\partial z_j^*} \tag{17}$$

im Fall $\varepsilon = -1$ zusammenfassen. Die komplexe Zusammenfassung von (14), (15) liefert in den Fällen $\varepsilon = +1$ bzw. $\varepsilon = -1$ die Bedingungsgleichungen

$$\frac{\partial f_k}{\partial z_j} - \frac{\partial f_j}{\partial z_k} = f_k g_j - f_j g_k \tag{18}$$

bzw.

$$\frac{\partial f_k}{\partial z_j^*} - \frac{\partial f_j}{\partial z_k^*} = f_k g_j - f_j g_k. \tag{19}$$

Die Integrationstheorie vollständiger Differentialgleichungssysteme (vgl. [5]) ergibt eine Lösung des folgenden Anfangwertproblems für das System (1) bzw. (2): Gesucht ist in einer Umgebung von $(x_1^0, \ldots, x_n^0, y_1^0, \ldots, y_n^0)$ eine Lösung $w(z_1, \ldots, z_n)$, die für $y_1 = y_1^0, \ldots, y_n = y_n^0$ vorgeschriebene Werte

$$w(x_1 + i\,y_1^0, \ldots, x_n + i\,y_n^0) = \varphi(x_1, \ldots, x_n)$$

annimmt. Dabei ist $\varphi(x_1, \ldots, x_n)$ eine komplexwertige Funktion, die sich in eine Potenzreihe in den reellen Variablen $x_1 - x_1^0, \ldots, x_n - x_n^0$ entwickeln läßt. Mit $w(z_1, \ldots, z_n)$ ist eine Potenzreihe in den reellen Variablen $x_1 - x_1^0, \ldots, x_n - x_n^0$, $y_1 - y_1^0, \ldots, y_n - y_n^0$ gemeint. Zusammenfassend gilt also

Satz 1: *Unter den Voraussetzungen* (16), (18) *im Fall des Systems* (1) *bzw. unter den Voraussetzungen* (17), (19) *im Fall von* (2) *gibt es genau eine Lösung* $w(z_1, \ldots, z_n)$, *die für* $y_1 = y_1^0, \ldots, y_n = y_n^0$ *vorgeschriebene Werte*

$$w(x_1 + i\,y_1^0, \ldots, x_1 + i\,y_n^0) = \varphi(x_1, \ldots, x_n)$$

annimmt.

Sind alle $g_j \equiv 0$, so sind (16) bzw. (17) gegenstandslos. Die Bedingungen (18), (19) reduzieren sich auf

$$\frac{\partial f_j}{\partial z_k} = \frac{\partial f_k}{\partial z_j} \quad \text{bzw.} \quad \frac{\partial f_j}{\partial z_k^*} = \frac{\partial f_k}{\partial z_j^*}, \ \forall_j, \forall_k .$$

Damit ergibt sich der folgende Spezialfall von Satz 1:

Satz 2: *Das Anfangswertproblem*

$$w\,(x_1 + i\,y_0^1, \ldots, x_n + i\,y_n^0) = \varphi(x_1, \ldots, x_n)$$

ist für das System

$$\frac{\partial w}{\partial z_j} = f_j \quad \textit{bzw. für} \quad \frac{\partial w}{\partial z_j^*} = f_j$$

eindeutig lösbar unter den Voraussetzungen

$$\frac{\partial f_j}{\partial z_k} = \frac{\partial f_k}{\partial z_j} \quad \text{bzw.} \quad \frac{\partial f_j}{\partial z_k^*} = \frac{\partial f_k}{\partial z_j^*}, \ \forall_j, \forall_k .$$

Bemerkung: Die Systeme $\frac{\partial w}{\partial z_j} = f_j$ bzw. $\frac{\partial w}{\partial z_j^*} = f_j$ sind insbesondere dann vollständig, wenn die f_j antiholomorph bzw. holomorph sind.

Sind bei dem System (1) bzw. (2) alle $f_j = 0$, so sind die Bedingungen (18), (19) gegenstandlos. Man erhält somit

Satz 3: *Das Anfangswertproblem*

$$w\,(x_1 + i\,y_1^0, \ldots, x_n + i\,y_n^0) = \varphi(x_1, \ldots, x_n)$$

ist für das System

$$\frac{\partial w}{\partial z_j} = g_j\,w \quad \textit{bzw. für} \quad \frac{\partial w}{\partial z_j^*} = g_j\,w$$

eindeutig lösbar unter den Voraussetzungen

$$\frac{\partial g_j}{\partial z_k} = \frac{\partial g_k}{\partial z_j} \quad \textit{bzw.} \quad \frac{\partial g_j}{\partial z_k^*} = \frac{\partial g_j}{\partial z_k^*}, \ \forall_j, \forall_k .$$

Bemerkung: Die in Satz 3 genannten Bedingungen sind insbesondere erfüllt, wenn die g_j antiholomorph bzw. holomorph sind.

Sind die f_j und ihre partiellen Ableitungen erster Ordnung im ganzen C^n definiert und stetig und besitzen sie kompakte Träger, so erhält man (vgl. [6]) durch ein Zweifach-Integral mit Cauchy-Kern eine spezielle (klassische) Lösung w_0 des Systems

$$\frac{\partial w}{\partial z_j^*} = f_j, \qquad \frac{\partial f_j}{\partial z_k^*} = \frac{\partial f_k}{\partial z_j^*}.$$

Die allgemeine Lösung ist dann $w_0 + \Phi$, wo Φ holomorphe Funktion ist.

2. Das lokale Reziprozitätstheorem

Es sei Φ eine holomorphe Funktion in G (= offene Menge des C^n). Die Funktion ω soll stetige partielle Ableitungen bezüglich $x_1, \ldots, x_n$, $y_1, \ldots, y_n$ und folglich auch bezüglich $z_1, \ldots, z_n, z_1^*, \ldots, z_n^*$ besitzen[2]). Dann ist

$$\frac{\partial(\Phi \cdot \exp \omega)}{\partial z_j^*} = \Phi \cdot \exp \omega \cdot \frac{\partial \omega}{\partial z_j}.$$

Setzt man $\Phi \cdot \exp \omega = w$, so ist also

$$\frac{\partial w}{\partial z_j^*} = \frac{\partial \omega}{\partial z_j^*} w .$$

Das bedeutet: $w = \Phi \cdot \exp \omega$ ist genau dann Lösung des Differentialgleichungssystems

$$\frac{\partial w}{\partial z_j^*} = g_j w , \qquad j = 1, \ldots, n , \tag{20}$$

wenn ω Lösung des Systems

$$\frac{\partial \omega}{\partial z_j^*} = g_j , \qquad j = 1, \ldots, n , \tag{21}$$

ist. Unter der Voraussetzung

$$\frac{\partial g_j}{\partial z_k^*} = \frac{\partial g_k}{\partial z_j^*}, \ \forall_j, \forall_k , \tag{22}$$

existiert in einer Umgebung von $Z_0 = (z_1^0, \ldots, z_n^0) \in G$ eine eindeutig bestimmte Lösung ω des Systems (21), die der Anfangsbedingung ($y_j^0 =$ $= \text{Im}\, [z_j^0]$)

$$\omega (x_1 + i\, y_1^0, \ldots, x_n + i\, y_n^0) = 1 \tag{23}$$

genügt. Das folgt aus Satz 2. Damit ist die folgende Aussage bewiesen:

Satz 4: *Ist Φ holomorphe Funktion, so existiert unter der Voraussetzung* (22) *in einer Umgebung von Z_0 eine Lösung w des Systems* (20), *für die*

$$w (x_1 + i\, y_1^0, \ldots, x_n + i\, y_n^0) = \Phi (x_1 + i\, y_1^0, \ldots, x_n + i\, y_n^0) \tag{24}$$

gilt.

Nun sei umgekehrt w eine gegebene Lösung des Systems (20) (die partiellen Ableitungen erster Ordnung sollen existieren und stetig sein). Wieder sei ω die Lösung des Anfangswertproblems (23) für das Differen-

---

[2]) Alle hier betrachteten Funktionen besitzen sogar bezüglich der $2n$ reellen Veränderlichen $x_1, \ldots, x_n, y_1, \ldots, y_n$ Potenzreihendarstellungen.

tialgleichungssystem (21). Dann gilt

$$\frac{\partial}{\partial z_j^*}\left(w\cdot\exp(-\omega)\right) = \frac{\partial w}{\partial z_j^*}\cdot\exp(-\omega) + w\cdot\exp(-\omega)\cdot\left(-\frac{\partial\omega}{\partial z_j^*}\right)$$
$$= g_j\, w\cdot\exp(-\omega) + w\cdot\exp(-\omega)\cdot(-g_j) = 0\,,$$

also ist $w \cdot \exp(-\omega) = \Phi$ eine holomorphe Funktion. Damit besitzt die Funktion w die (lokale) Darstellung $w = \Phi\cdot\exp\omega$. Berücksichtigt man noch (23), so ist insgesamt gezeigt:

Satz 5: *Unter der Voraussetzung* (22) *läßt sich eine Lösung w des Systems* (20) *lokal in der Form*

$$w = \Phi\cdot\exp\omega$$

darstellen, wobei Φ eine holomorphe Funktion ist, für die (24) *gilt.*

Die Aussagen der Sätze 4 und 5 heißen das *lokale Reziprozitätstheorem.* Da beim Übergang von einer Lösung w des Systems (20) zu einer holomorphen Funktion Φ einerseits und zur Zuordnung einer Lösung w zu einer gegebenen holomorphen Funktion Φ andererseits dieselbe Funktion ω auftritt (falls die Normierungsbedingung (24) gestellt wird), bedeutet das: Ordnet man einer Lösung w des Systems (20) die holomorphe Funktion $\Phi = w\cdot\exp(-\omega)$ zu und danach dieser holomorphen Funktion durch $\Phi\cdot\exp\omega$ eine Lösung des Systems (20), so erhält man wieder die Ausgangsfunktion:

$$\left(w\cdot\exp(-\omega)\right)\cdot\exp\omega = w\,.$$

Jetzt sei das System

$$\frac{\partial w}{\partial z_j} = g_j\, w\,,\qquad j = 1,\ldots,n\,, \tag{25}$$

gegeben, wobei

$$\frac{\partial g_j}{\partial z_k} = \frac{\partial g_k}{\partial z_j}\,,\ \forall_j,\ \forall_k\,, \tag{26}$$

sei. Ist ω die durch $\omega(x_1 + i\,y_1^0, \ldots, x_n + i\,y_n^0) = 1$ festgelegte Lösung des Systems

$$\frac{\partial\omega}{\partial z_j} = g_j\,, \tag{27}$$

so gilt in Analogie zu den Sätzen 4 und 5

Satz 6: *Ist w Lösung des Systems* (25), *wobei* (26) *erfüllt sein soll, so ist*

$$\Phi = w\cdot\exp(-\omega)$$

antiholomorphe Funktion. Umgekehrt: Ist Φ gegebene antiholomorphe Funktion, so ist $\Phi\cdot\exp\omega$ Lösung des Systems (25).

Der Beweis ergibt sich durch eine entsprechende Rechnung.

Setzt man $\Phi \equiv 1$, so ist nach Satz 4 bzw. nach Satz 6 die Funktion $w = 1 \cdot \exp \omega$[3]) Lösung des Systems (20) bzw. des Systems (25). Das bedeutet

Satz 7: *Zu jedem Punkt $Z_0 \in G$ gibt es eine Umgebung, in der eine nullstellenfreie Lösung des Systems (20) bzw. (25) existiert.*[4])

Später wird gezeigt werden, wie man global nullstellenfreie Lösungen konstruieren kann.

Nun sei w eine beliebige Lösung von (20) bzw. von (25) (wobei die Bedingungen (22) bzw. (26) erfüllt sein sollen) und w_0 sei die nach Satz 7 (lokal) existierende nullstellenfreie Lösung. Dann ist für Lösungen von (20)

$$\frac{\partial}{\partial z_j}\left(\frac{w}{w_0}\right) = \frac{1}{w_0^2}\left(w_0 \frac{\partial w}{\partial z_j} - w \frac{\partial w_0}{\partial z_j}\right) = \frac{1}{w_0^2}(w_0\, g_j\, w - w\, g_j\, w_0) = 0\,,$$

analog

$$\frac{\partial}{\partial z_j^*}\left(\frac{w}{w_0}\right) = 0$$

für Lösungen des Systems (2). Daher gilt

Satz 8: *Lokal lassen sich alle Lösungen in der Form*

$$w = w_0\,\Phi$$

darstellen, wobei w_0 eine (festgewählte) nullstellenfreie und Φ eine beliebig zu wählende antiholomorphe bzw. holomorphe Funktion ist.

Es sei darauf hingewiesen, daß bei der oben gegebenen Herleitung des Reziprozitätstheorems der Begriff der Ableitung im verallgemeinerten Sinn nicht benötigt wird. Im komplex-eindimensionalen Fall kann das Reziprozitätstheorem bekanntlich durch Betrachtung von Zweifach-Integralen mit dem Integranden $\dfrac{f(\zeta)}{\zeta - z}$ hergeleitet werden (vgl. [8]). Solche Integrale lassen sich i. a. nur im verallgemeinerten Sinn nach z^* differenzieren (nämlich dann, wenn $f(\zeta)$ nur stetig ist).

---

[3]) Im Fall des Systems (20) ist ω Lösung von (21). Betrachtet man das System (25), so ist ω Lösung des Systems (27).

[4]) Beweist man die Sätze 2 und 3 direkt, so kann man Satz 1 dadurch beweisen, daß man eine Lösung w von (1) bzw. von (2) in der Form $w = w_1\, w_2$ ansetzt und für w_2 eine nullstellenfreie Lösung von (20) bzw. (25) wählt. Dann muß w_1 dem System $w_2 \dfrac{\partial w_1}{\partial z_j^*} = f_j$ bzw. $w_2 \dfrac{\partial w_1}{\partial z_j} = f_j$ genügen. Die Bedingungen (19) bzw. (18) ergeben sich dann gerade aus

$$\frac{\partial\left(\dfrac{f_j}{w_2}\right)}{\partial z_k^*} = \frac{\partial\left(\dfrac{f_k}{w_2}\right)}{\partial z_j^*} \quad \text{bzw. aus} \quad \frac{\partial\left(\dfrac{f_j}{w_2}\right)}{\partial z_k} = \frac{\partial\left(\dfrac{f_k}{w_2}\right)}{\partial z_j}\,.$$

3. Das globale Reziprozitätstheorem

Es sei w in G definierte, nicht identisch verschwindende Lösung des Systems (20) bzw. (25). Dabei seien die Vollständigkeitsbedingungen (22) bzw. (26) erfüllt. Dann gilt

Satz 9: *Ist für G das zweite* COUSIN*sche Problem lösbar, so läßt sich w in ganz G in der Form*

$$w = w_0 \Phi$$

darstellen, wobei w_0 eine nullstellenfreie Lösung und Φ eine antiholomorphe bzw. eine holomorphe Funktion in G ist.

Um den Beweis von Satz 9 vorzubereiten, wird gezeigt, wie man eine antiholomorphe Funktion auf eine holomorphe Funktion zurückführen kann:

G sei eine offene Punktmenge des C^n. Durch das Funktionssystem

$$\tilde{z}_j = z_j^*, \qquad j = 1, \ldots, n, \tag{28}$$

wird G eineindeutig auf eine offene Menge $\tilde{G}$ abgebildet. Eine in G antiholomorphe Funktion Φ wird dadurch zu einer in $\tilde{G}$ holomorphen Funktion, denn für

$$\Psi(\tilde{z}_1, \ldots, \tilde{z}_n) = \Phi(\tilde{z}_n^*, \ldots, \tilde{z}_n^*)$$

gilt

$$\frac{\partial \Psi}{\partial \tilde{z}_j^*} = \sum_\nu \left(\frac{\partial \Phi}{\partial z_\nu} \frac{\partial z_\nu}{\partial \tilde{z}_j^*} + \frac{\partial \Phi}{\partial z_\nu^*} \frac{\partial z_\nu^*}{\partial \tilde{z}_j^*} \right).$$

Nun ist $\dfrac{\partial \Phi}{\partial z_\nu} = 0$, da Φ antiholomorph ist.

Wegen $\dfrac{\partial z_\nu}{\partial \tilde{z}_j} = 0$ ist $\dfrac{\partial z_\nu^*}{\partial \tilde{z}_j^*} = \left(\dfrac{\partial z_\nu}{\partial \tilde{z}_j}\right)^* = 0$ und somit $\dfrac{\partial \Psi}{\partial \tilde{z}_j^*} = 0$.

Umgekehrt liefert eine in $\tilde{G}$ holomorphe Funktion bei der Umkehrabbildung $z_j = \tilde{z}_j^*$ in G eine antiholomorphe Funktion. Damit ist gezeigt:

Hilfssatz 1: *Durch die Abbildung* (28) *gehen antiholomorphe Funktionen in G in holomorphe Funktionen in $\tilde{G}$ über. Jede in $\tilde{G}$ holomorphe Funktion entspricht einer in G antiholomorphen Funktion.*

Als Folgerung ergibt sich aus Hilfssatz 1, daß auch für antiholomorphe Funktionen die folgende Aussage gilt:

Ist Φ nicht identisch Null, so liegt in jeder Umgebung einer Nullstelle von Φ wenigstens ein Punkt, in dem $\Phi \neq 0$ ist.

Beweis von Satz 9: w sei die gegebene Lösung. Nach Satz 8 gibt es zu jedem Punkt $Z_j \in G$ eine Umgebung U_j, so daß w in U_j die Darstellung

$$w = w_{0j} \Phi_j$$

besitzt. Dabei ist w_{0j} eine nullstellenfreie Lösung des Systems (20) bzw. (25) und Φ_j eine antiholomorphe bzw. eine holomorphe Funktion. Entsprechend ist in einer Umgebung U_k von Z_k

$$w = w_{0k} \Phi_k .$$

In $U_j \cap U_k$ gilt

$$w_{0j} \Phi_j = w_{0k} \Phi_k ,$$

also $\Phi_j = \Phi_k h$, wobei $h = \frac{w_{0k}}{\omega_{0j}}$ gesetzt wurde; h ist von Null verschiedene antiholomorphe bzw. holomorphe Funktion. Ordnet man der Umgebung U_j die Funktion Φ_j zu, so sind wegen $h \neq 0$ die Voraussetzungen des zweiten COUSINschen Satzes erfüllt. Es ergibt also eine in G antiholomorphe bzw. holomorphe Funktion Φ, so daß in U_j

$$\Phi = \Phi_j \tilde{h}_j \tag{29}$$

gilt, $\tilde{h}_j = 0$, $\tilde{h}_j$ antiholomorph bzw. holomorph. Wegen $w_{0j} \Phi_j = w_{0k} \Phi_k$ in $U_j \cap U_k$ folgt bei Berücksichtigung von (29)

$$\Phi \left(\frac{w_{0j}}{\tilde{h}_j} - \frac{w_{0k}}{\tilde{h}_k} \right) = 0 .$$

Hieraus folgt zunächst $\frac{w_{0j}}{\tilde{h}_j} - \frac{w_{0k}}{\tilde{h}_k} = 0$ in allen Punkten, in denen $\Phi \neq 0$ ist. Wenn nicht jeder Punkt Z_0 von $U_1 \cap U_2$, in dem $\Phi = 0$ ist, Häufungspunkt von Punkten mit $\Phi \neq 0$ ist, ist $\Phi \equiv 0$ in einer Umgebung von Z_0. Dann muß aber $\Phi \equiv 0$ in ganz G sein. Dies wiederum ist nur bei $w \equiv 0$ möglich. Also kann angenommen werden, daß in jeder Umgebung von Z_0 Punkte mit $\Phi \neq 0$ liegen. Wegen der Stetigkeit von $\frac{w_{0j}}{\tilde{h}_j} - \frac{w_{0k}}{\tilde{h}_k}$ muß daher $\frac{w_{0j}}{\tilde{h}_j} - \frac{w_{0k}}{\tilde{h}_k} = 0$ auch in Z_0 und somit in ganz $U_j \cap U_k$ sein. Setzt man

$$w_0 = \frac{w_{0j}}{\tilde{h}_j} \qquad \text{in} \qquad U_j ,$$

so wird dadurch in ganz G (eindeutig) eine nicht verschwindende Funktion definiert. Wegen $w = w_{0j} \Phi_j$ in U_j gilt

$$w = \frac{w_{0j}}{\tilde{h}_j} \Phi_j \tilde{h}_j = w_0 \Phi .$$

Da in jedem anderen U_k dieselbe Darstellung gilt, hat man mithin w in ganz G in der Form $w = w_0 \Phi$ dargestellt; q.e.d.

Als Nebenresultat folgt (falls global eine beliebige Lösung w bekannt ist):

Satz 10: *Es gibt global eine nullstellenfreie Lösung.*

Sind G_j, $j = 1, \ldots, n$, Gebiete in der z_j-Ebene, so ist für $G = G_1 \times \cdots \times G_n$ das zweite COUSINsche Problem für holomorphe Funktionen lösbar, falls von den n Gebieten $G_n, \ldots, G_n$ wenigstens $n - 1$ einfach zusammenhängend sind (vgl. [2, 7]). Dasselbe gilt wegen Hilfssatz 1 aber auch für antiholomorphe Funktionen. Denn es ist $\tilde{G} = \tilde{G}_1 \times \cdots \times \tilde{G}_n$, wobei $\tilde{G}_j$, das durch $\tilde{z}_j = \tilde{z}_j^*$ definierte (eineindeutige) Bild von G_j in der z_j-Ebene ist (bei der Abbildung $\tilde{z}_j = z_j^*$ bleibt Gebietseigenschaft und einfacher Zusammenhang erhalten).

Damit hat man

Folgerung aus Satz 9: In $G_1 \times \cdots \times G_n$ gilt für Lösungen w des Systems (20) bzw. (25) das globale Reziprozitätstheorem, falls

a) wenigstens $n - 1$ der n Gebiete $G_1, \ldots, G_n$ einfach zusammenhängend sind und falls

b) die Vollständigkeitsbedingungen (22) bzw. (26) erfüllt sind.

Aus dem globalen Reziprozitätstheorem können folgende Aussagen gefolgert werden:

Satz 11: *Ist $w(z) \equiv 0$ in einer offenen Teilmenge von G, so muß $w(z) \equiv 0$ in ganz G sein.*

Denn ist w nicht identisch Null, so ist $w = w_0 \Phi$, $w_0 \neq 0$. Da $w \equiv 0$ in einer offenen Menge ist, muß dort $\Phi \equiv 0$ sein. Dann muß aber Φ und also auch w identisch Null in ganz G sein. Das widerspricht der Annahme, daß w nicht identisch Null sein sollte.

Schließlich gilt noch

Satz 12: *Das Nullstellengebilde von w ist eine analytische Menge oder das von* (28) *entworfene Spiegelbild einer analytischen Menge.*

Beweis: Ist w identisch Null, so ist das Nullstellengebilde das ganze Gebiet G. Ist w nicht identisch Null, so ist $w = w_0 \Phi$, $w_0 \neq 0$. Also wird das Nullstellengebilde durch $\Phi = 0$ gegeben. Im Fall von (25) ist Φ holomorph, betrachtet man das System (20), so ist Φ antiholomorph. Durch die Abbildung (28) geht Φ dann in eine holomorphe Funktion über; q.e.d.

w sei in einer Umgebung von $(z_1^0, \ldots, z_n^0)$ Lösung von (25) (wobei (26) erfüllt sei). Es sei $w(z_1^0, \ldots, z_n^0) = 0$, jedoch $w(0, \ldots, 0, z_n)$ nicht identisch Null. Stellt man w in der Form $w = w_0 \Phi$, $w_0 \neq 0$, dar, so kann auch $\Phi(0, \ldots, 0, z_n)$ nicht identisch Null sein. Mit Hilfe des WEIERSTRASSschen Vorbereitungssatzes kann man Φ lokal in der Form

$$\Phi = \Phi_0 P$$

darstellen, wobei $\Phi_0 \neq 0$ und P ein Pseudopolynom in $z_n - z_n^0$ ist. Damit folgt für w die lokale Darstellung

$$w = \tilde{w}_0 P , \qquad \tilde{w}_0 = w_0 \Phi_0 \neq 0 .$$

Im Fall einer Lösung w des Systems (20) (unter der Voraussetzung (22)) hat man eine analoge Darstellung mit einem Pseudopolynom in $(z_n - z_n^0)^*$.

Schließlich sei noch darauf hingewiesen, daß das Reziprozitätstheorem auch Möglichkeiten der angenäherten numerischen Berechnung pseudoholomorpher Funktionen bietet. Approximiert man Φ durch ein Polynom Φ_N, so ist $w_0 \Phi_N$ eine Näherungslösung von $w_0 \Phi$. Dabei kann für alle w dasselbe w_0 verwendet werden.

4. Der Satz von Cousin II für pseudoholomorphe Funktionen

Es sei $G = G_1 \times \cdots \times G_n$, wobei G_j, $j = 1, \ldots, n$, Gebiet in der z_j-Ebene ist und wobei wenigstens $n - 1$ der n Gebiete $G_1, \ldots, G_n$ einfach zusammenhängend sein sollen. Dann gilt

Satz 13: *Zu jedem $Z_* \in G$ soll eine Polyzylinder-Umgebung U_* und darin eine Lösung w_* gegeben sein*[5]).

Im Durchschnitt $U_{*1} \cap U_{*2}$ zweier derartiger Umgebungen gelte für die zugehörigen Funktionen w_{*1}, w_{*2}

$$w_{*1} = w_{*2} h ,$$

wobei h stetig und $\neq 0$ sei. Dann gilt:

Es gibt in ganz G eine Lösung w, die das durch die w_{*j} in U_j vorgegebene Nullstellenverhalten besitzt. Das bedeutet: in U_* ist $w = w_* \tilde{h}$, $\tilde{h}$ stetig und $\neq w$.

Zum Beweis braucht man den folgenden

Hilfssatz 2: *Ist eines der w_* in einer offenen Menge identisch Null, so müssen alle w_* identisch Null sein.*

Beweis: Ist w_* in einer offenen Teilmenge von U_* identisch Null, so ist w_* in ganz U_* identisch Null. Denn ist w_* nicht in ganz U_* identisch Null, so kann man w_* durch das globale Reziprozitätstheorem in U_* darstellen:

$$w_* = w_{*0} \Phi_0 , \qquad w_{*0} \neq 0 .$$

Ist nun w_* in einer offenen Teilmenge identisch Null, so gilt dasselbe für Φ_0. Dann muß aber Φ_0 und demzufolge auch w_* in ganz U_* identisch Null sein.

---

[5]) Ist w_* Lösung von (20) so soll die Vollständigkeitsbedingung (22) erfüllt sein. Im Fall des Systems (25) wird (26) vorausgesetzt.

Nun sei $\tilde{U}_*$ eine Umgebung, in der die zugehörige Funktion $\tilde{w}_*$ identisch Null ist. $\tilde{\tilde{U}}_*$ sei weitere Umgebung der betrachteten Art. Die Mittelpunkte von $\tilde{U}_*$ und $\tilde{\tilde{U}}_*$ werden durch eine Kurve γ verbunden. In jedem U_* ist eine offene Hyperkugel K_* enthalten. Die K_* bilden eine offene Überdeckung von γ. Nach dem Satz von HEINE-BOREL genügen endlich viele $K_{*1}, \ldots, K_{*s}$ zur Überdeckung von γ (K_{*j} gehört zu U_{*j}). Es sei $\varepsilon = \min(\varepsilon_1, \ldots, \varepsilon_s)$, wobei ε_j der Radius von K_{*j} sei. Ist $z(t)$, $a \leqq t \leqq b$, Darstellung von γ, so werde $a \leqq t \leqq b$ so weit unterteilt, daß die Länge der Teilintervalle $< \delta(\varepsilon)$ ist, wobei $\delta(\varepsilon)$ im Sinn der gleichmäßigen Stetigkeit zu $z(t)$ gehört. Dann entsprechen den Teilintervallen Kurvenstücke γ_k, die jeweils ganz in einem K_{k_0} liegen. γ_{k+1} liege in U_{*j_0}. Ist schon gezeigt, daß das in U_{*k_0} gegebene w_{*k_0} identisch Null ist, so folgt daraus, daß (in U_{*j_0}) auch w_{*j_0} identisch verschwindet. Denn in $U_{*k_0} \cap U_{*j_0}$ ist $w_{*k_0} = w_{*j_0} h$, $h \neq 0$, also $w_{*j_0} \equiv 0$ in $U_{*k_0} \cap U_{*j_0}$ und somit $w_{*j_0} \equiv 0$ in ganz U_{*j_0}. Schließlich folgt, daß in $\tilde{\tilde{U}}_*$ die zugehörige Funktion $\tilde{\tilde{w}}_*$ identisch Null sein muß.

Beweis von Satz 13: Zunächst werde das System (25) betrachtet. Sind alle $w_* \equiv 0$, so ist $w \equiv 0$ die für ganz G gesuchte Lösung. Unter Berücksichtigung des Hilfssatzes 2 folgt für jeden anderen Fall, daß w_* nicht identisch verschwinden kann. Das Nullstellengebilde von w_* ist also (wegen $w_* = w_{*0} \cdot \Phi$ nach Satz 9) eine analytische Menge, die nicht ganz U_* ausfüllt.

Jetzt werde $U_{*1} \cap U_{*2}$ betrachtet. In allen Punkten, in denen $w_{*1} \neq 0$ ist, ist

$$\frac{w_{*2}}{w_{*1}} = h$$

holomorph. Also ist $\frac{w_{*2}}{w_{*1}}$ in $U_{*1} \cap U_{*2}$ meromorphe Funktion.

Da h in jedem kompaktem Teil von $U_{*1} \cap U_{*2}$ wegen der vorausgesetzten Stetigkeit beschränkt ist, besitzt $\frac{w_{*2}}{w_{*1}}$ nur hebbare singuläre Stellen (vgl. [7]). Also ist h in $U_{*1} \cap U_{*2}$ holomorph. Da auch $h \neq 0$ ist, kann auf diese holomorphe Funktion der übliche Beweisgang von COUSIN II (vgl. [2, 3, 7]) übertragen werden. Ist dabei Φ die durch Kurvenintegrale mit CAUCHY-Kern definierte Funktion, so erhält man die gesuchte Lösung folgendermaßen: Sind Q_i, Q_j, Q_r, Q_s vier in einem Eckpunkt zusammenstoßende Quadrate, so wird dem Quadrat Q_i die Funktion $w_{*i_0} \cdot \exp(-\Phi)$, analog Q_j die Funktion $w_{*j_0} \cdot \exp(-\Phi)$ usw. zugeordnet (w_{*i_0} ist die in Q_i vorgegebene Lösung usw.). Auf diese Weise erhält man eine eindeutige Funktion. Es ist nur noch zu zeigen, daß diese Funktion auch im Eckpunkt stetig und Lösung des gegebenen Differentialgleichungssystems ist.

Dazu bedenke man, daß z. B. w_{*i_0} auch in einer vollen Umgebung des Eckpunktes eine von Null verschiedene Lösung des gegebenen Systems ist. Betrachtet man daher statt

$$w_{*i_0} \cdot \exp(-\Phi)\,, \qquad w_{*j_0} \cdot \exp(-\Phi), \ldots \tag{30}$$

die Funktionen

$$\frac{w_{*i_0}}{w_{*i_0}} \cdot \exp(-\Phi)\,, \qquad \frac{w_{*j_0}}{w_{*i_0}} \cdot \exp(-\Phi), \ldots, \tag{31}$$

so ist man auch wieder auf den holomorphen Fall zurückgekommen und kann in der üblichen Weise Stetigkeit und Holomorphie der durch (31) in einer Umgebung des Eckpunktes definierten Funktion zeigen. Hieraus folgt dann aber, daß die Funktionen (30) eine (auch im Eckpunkt) stetige Funktion liefern, die Lösung des gegebenen Differentialgleichungssystems ist. Dividiert man diese Lösung in U_{*k} durch die dort vorgegebene Lösung w_{*k}, so erhält man in U_{*k} die in der Aussage des Satzes 13 geforderte Funktion $\tilde{h}$ [6]).

Für das System (20) kann durch die Abbildung (28) von den dann auftretenden antiholomorphen Funktionen auf holomorphe zurückgegangen werden; q. e. d.

Die globale Existenz nullstellenfreier Lösungen kann aus Satz 13 erschlossen werden. Denn ist w_* die nach Satz 7 in einer Umgebung U_* eines Punktes existierende nullstellenfreie Lösung, so ist in $U_{*1} \cap U_{*2}$

$$\frac{w_{*1}}{w_{*2}} = h \neq 0\,,$$

also ist Satz 13 anwendbar.

5. Differentialgleichungssysteme auf holomorphen Mannigfaltigkeiten

Betrachtet wird jetzt eine komplex n-dimensionale holomorphe Mannigfaltigkeit M, $z_1, \ldots, z_n$ seien lokale Parameter. Im Gültigkeitsgebiet dieser Parameter werde das Differentialgleichungssystem (25) betrachtet, für das die Vollständigkeitsbedingungen (26) erfüllt seien. Ist $z'_\varrho = z'_\varrho(z_1, \ldots, z_n)$ eine (biholomorphe) Parametertransformation, so ist

$$\frac{\partial w}{\partial z'_\varrho} = \sum_\nu \frac{\partial w}{\partial z_\nu} \frac{\partial z_\nu}{\partial z'_\varrho}\,.$$

---

[6]) Nach dem Verfahren, nach dem zu Beginn des Beweises von Satz 13 die Holomorphie von h gezeigt wurde, kann man auch zeigen, daß $\tilde{h}$ holomorph ist.

Wegen $\frac{\partial w}{\partial z_\nu} = g_\nu\, w$ folgt

$$\frac{\partial w}{\partial z'_e} = \sum_\nu g_\nu \frac{\partial z_\nu}{\partial z'_e}\, w = g'_e\, w\,,$$

wenn

$$g'_e = \sum_\nu g_\nu \frac{\partial z_\nu}{\partial z'_e} \tag{32}$$

gesetzt wird. Das bedeutet:

Auf der Mannigfaltigkeit M ist ein mit Koordinatentransformationen verträgliches Differentialgleichungssystem der Form (25) gegeben, wenn gilt:

Sind $g_1, \ldots, g_n$ die Koeffizienten bezüglich des Koordinatensystems $z_1, \ldots, z_n$ und $g'_1, \ldots, g'_n$ diejenigen bezüglich $z'_1, \ldots, z'_n$, so soll im Durchschnitt der Gültigkeitsgebiete die Bedingung (32) erfüllt sein.

Beispielsweise erhält man derartige Koeffizienten $g_1, \ldots, g_n$, wenn man $g_\nu = \frac{\partial \Psi}{\partial z_\nu}$ setzt, wobei Ψ eine gegebene Funktion auf der Mannigfaltigkeit ist.

Jetzt soll gezeigt werden, daß die Vollständigkeitsbedingungen (26) parameterinvariant sind. Aus (32) folgt

$$\frac{\partial g'_e}{\partial z'_k} = \sum_\nu g_\nu \frac{\partial^2 z_\nu}{\partial z'_e\, \partial z'_k} + \sum_{\nu,\mu} \frac{\partial g_\nu}{\partial z_\mu} \frac{\partial z_\mu}{\partial z'_k} \frac{\partial z_\nu}{\partial z'_e}.$$

Durch Vertauschen von e und k bzw. von ν und μ in der zweiten Summe folgt

$$\frac{\partial g'_k}{\partial z'_e} = \sum_\nu g_\nu \frac{\partial^2 z_\nu}{\partial z'_k\, \partial z'_e} + \sum_{\nu,\mu} \frac{\partial g_\mu}{\partial z_\nu} \frac{\partial z_\nu}{\partial z'_e} \frac{\partial z_\mu}{\partial z'_k}.$$

Durch Vergleich erkennt man:

$$\text{Ist } \frac{\partial g_\mu}{\partial z_\nu} = \frac{\partial g_\nu}{\partial z_\mu}, \quad \text{so auch } \frac{\partial g'_k}{\partial z'_e} = \frac{\partial g'_e}{\partial z'_k}.$$

Nun sei w eine Lösung von (25) auf der Mannigfaltigkeit M, w sei nicht identisch Null. Nach Satz 6 kann man w lokal durch das Reziprozitätstheorem darstellen:

$$w = w_{0j}\, \Phi_j \quad \text{in } U_j,\ \Phi_j \text{ antiholomorph.}$$

Nun sei $\tilde{M}$ diejenige Mannigfaltigkeit, die man durch folgende Änderung der Parameter erhält:

$$(z_1, \ldots, z_n) \quad \text{wird durch} \quad (\tilde{z}_1, \ldots, \tilde{z}_n) = (z_1^*, \ldots, z_n^*)$$

ersetzt.

Wegen

$$\frac{\partial \tilde{z}'_e}{\partial \tilde{z}_k^*} = \frac{\partial z_e'^*}{\partial z_k} = \left(\frac{\partial z'_e}{\partial z_k^*}\right)^* = 0$$

ist auch $\tilde{M}$ holomorphe Mannigfaltigkeit.

Den Funktionen Φ_j entsprechen auf $\tilde{M}$ holomorphe Funktionen. Ist für $\tilde{M}$ das zweite COUSINsche Problem lösbar, so kann man mit Hilfe dieser Lösung wie in 3. zeigen, daß für w global das Reziprozitätstheorem gilt. Das bedeutet:

Satz 14: *Ist für* $\tilde{M}$ COUSIN II *lösbar, so gilt für Lösungen von* (25) *auf* M *das globale Reziprozitätstheorem.*

Hinreichende und notwendige Bedingungen für die Lösbarkeit von COUSIN II können bekanntlich mit Hilfe der Cohomologietheorie angegeben werden (vgl. z. B. [4]).

LITERATURVERZEICHNIS

[1] L. Bers, Theory of pseudo-analytic functions. New York 1953.

[2] F. Conforto, Abelsche Funktionen und algebraische Geometrie. Berlin/Göttingen/Heidelberg 1956.

[3] Б. А. Фукс, Введение в теорию финкции многих комплексных переменных. Изд. второе, Москва 1962.

[4] Б. А. Фукс, Специальные главы теории аналитических функции многих комплексных переменных. Изд. второе, Москва 1963.

[5] E. Goursat, Leçons sur l'integration des équations aux derivées partielles du premier ordre. 2. éd., Paris 1921.

[6] L. Hörmander, An introduction to complex analysis in several variables. Princeton/Toronto/London 1967.

[7] W. F. Osgood, Lehrbuch der Funktionentheorie, II_1. 2. Aufl., Leipzig/Berlin 1929.

[8] I. N. Vekua, Verallgemeinerte analytische Funktionen. Berlin 1963 (Übers. aus dem Russ.).

Fortsetzung von der 2. Umschlagseite

Heft 5*) Prof. Dr.-Ing. ENNO HEIDEBROEK, Die Verantwortlichkeit des Ingenieurs. 1954
Heft 6 Prof. Dr. HANS SCHUBERT / Dr. ERICH SCHINCKE, Zur Ermittlung von Unterschallströmungen mit der Transformationsmethode bei quandratischer Approximation der Adiabate 1955. 32 Seiten — 6 Abbildungen — 2 Tabellen — 8° — M 2,30
Heft 7 Dr. HELMUT SCHAEFER, Neue Existenzsätze in der Theorie nichtlinearer Integralgleichungen 1955. 40 Seiten — 8° — M 2,40

Band 102

Heft 1*) Dr. PAUL GÜNTHER, Über einige spezielle Probleme aus der Theorie der linearen partiellen Differentialgleichungen zweiter Ordnung. 1957
Heft 2 Prof. Dr. HANS SCHUBERT / Dr. ERICH SCHINCKE, Zum Konturproblem der Hodographenmethode im Unterschall 1957. 25 Seiten — 8° — M 2,20
Heft 3*) Prof. Dr. FRANZ RUNGE, Über die Polymerisation ungesättigter organischer Verbindungen. 1957
Heft 4 Dr. VICTOR VÂLCOVICI, Une extension des liaisons non holonomes et des principes variationnels 1958. 39 Seiten — 8° — M 2,40
Heft 5 Dr. ROLF KLÖTZLER, Beiträge zur Theorie mehrdimensionaler Variationsprobleme mit geknickten Extremalen 1958. 72 Seiten — 8° — M 4,30
Heft 6 Prof. Dr. PAULA HERTWIG, Strahlenschäden und Strahlenschutz im zellulären Bereich 1957. 43 Seiten — 14 Abbildungen i. Text u. a. 4 Tafeln — 6 Tabellen — 8° — M 2,—
Heft 7 Prof. Dr. WILHELM TREIBS, Entwicklungslinien der organischen Chemie 1957. 25 Seiten — 8° — M 1,40

Band 103

Heft 1 Prof. Dr. GEORG SPACKELER, Über die Möglichkeit einer Lieferung von Magnesiumsulfat als Düngemittel seitens des Kalibergbaus der Deutschen Demokratischen Republik
Prof. Dr. ANTON ARLAND, Magnesium im Landbau 1958. 38 Seiten — 1 Abbildung — 2 Landkatten — 8° — M 1,90
Heft 2*) Prof. Dr. HEINRICH BREDT, Über den Tod. Eine naturwissenschaftliche Betrachtung. 1958
Heft 3 Dr. HANS WUSSING, Über Einbettungen endlicher Gruppen 1958. 38 S. — 8° — M 2,50
Heft 4 Prof. Dr. ERNST NEEF, Über die Veränderlichkeit unserer geographischen Umwelt 1959. 19 Seiten — 8° — M 1,20
Heft 5 Prof. Dr. WOLFGANG LANGENBECK, Zur Biochemie der Spurenmetalle. Mit Diskussionsbeiträgen 1959. 16 Seiten — 4 Tabellen — 8° — M 1,—
Heft 6 Prof. Dr. HANS SCHUBERT / Dr. ERICH SCHINCKE, Die Berechnung einer zirkulationslosen Unterschallströmung um den Kreiszylinder mit der Hodographenmethode 1959. 42 Seiten — 12 Abbildungen — 4 Tabellen — 8° — M 4,20
Heft 7 Prof. Dr. PAULA HERTWIG, Anpassung, Vererbung und Evolution 1959. 35 Seiten — 14 Abbildungen — 8° — M 3,20

Band 104

Heft 1 Prof. Dr. KARL SCHMALFUSS, Über das Ausmaß der biologischen Bindung des elementaren Stickstoffs. Der Einfluß assimilierbarer Stickstoffverbindungen 1960. 19 Seiten — 2 Abbildungen — 6 Tabellen — 8° — M 1,35
Heft 2 Prof. Dr. ANTON LISSNER, Charakteristische Eigenschaften der Braunkohlen 1960. 20 Seiten — 10 Abbildungen — 3 Tabellen — 8° — M 2,—
Heft 3 Prof. Dr. Fritz STATHER, Zur Charakteristik pflanzlicher und synthetischer Gerbstoffe und deren kombinierte Verwendung bei der Gerbung 1960. 19 Seiten — 8° — M 1,10
Heft 4 Prof. Dr. HEINRICH PRELL, Bemerkungen zur Geschichte der englischen Längenmaß-Systeme 1962. 74 Seiten — 3 Tabellen — 8° — M 4,90
Heft 5 Prof. Dr. OTT-HEINRICH KELLER, Zur Berechnung des Galoisschen Körpers und der Galoisschen Gruppe einer Gleichung in erträglich vielen Schritten 1961. 23 Seiten — 8° — M 2,—
Heft 6 Dr. ROLF KLÖTZLER, Die Konstruktion geodätischer Felder im Großen in der Variationsrechnung mehrfacher Integrale 1961. 84 Seiten — 1 Abbildung — 8° — M 7,—
Heft 7 Prof. Dr. ARTHUR SIMON, Gitteraufbau und Katalyse bei der Gasentschwefelung 1961. 21 Seiten — 16 Abbildungen — 8° — M 2,10

Ab Band 105:

SITZUNGSBERICHTE DER SÄCHSISCHEN AKADEMIE DER WISSENSCHAFTEN ZU LEIPZIG

Band 105

Heft 1 Prof. Dr.-Ing. FRITZ OBENAUS, An der Grenze zwischen Hochspannungstechnik und Physik 1961. 19 Seiten — 14 Abbildungen — 8° — M 2,40
Heft 2 Prof. Dr. GEORG MERREM, Die klinisch-biologische Wertigkeit der Hirngeschwülste 1962. 23 Seiten — 7 Abbildungen — 2 Tabellen — 8° — M 1,90

*) *vergriffen*

Fortsetzung auf der 4. Umschlagseite

Fortsetzung von der 3. Umschlagseite

Heft 3 Dr. ERICH SCHINCKE, Stetige schallnahe Potentialströmungen um eine Familie symmetrischer Profile mit abgerundeter Nase und ihre Grenzlinieneigenschaften
1963. 73 Seiten — 23 Abbildungen — 8° — M 8,90

Heft 4 Prof. Dr. WILHELM MAIER, Aus der analytischen Zahlentheorie 1963. 15 S. — 8° — M 2,—

Heft 5*) Prof. Dr. WOLFGANG BUCHHEIM, Zur Theorie der geoelektrischen Erkundungsmethodik und Systematik der geoelektromagnetischen Effekte. 1964

Heft 6 Prof. Dr. WALTER BREDNOW, Christop Wilhelm Hufeland, Arzt und Erzieher im Lichte der Aufklärung 2., unveränderte Auflage. 1964. 25 Seiten — 8° — M 1,65

Heft 7 Dr. HARALD HILBIG, Existenzsatz für begrenzte Potentialströmungen mit Totwasser um ein vorgegebenes Hindernis 1964. 52 Seiten — 8° — M 5,20

Band 106

Heft 1 Prof. Dr. EGBERT SCHWARZ, Über experimentelle Untersuchungen und klinische Erfahrungen beim alloplastischen Ersatz von Blutgefäßen. 1963. 22 S. — 11 Abbildungen — 8° — M 2,45

Heft 2*) Prof. Dr. MANFRED GERSCH, Hormone als Regulatoren von Lebensvorgängen. 1963

Heft 3 Prof. Dr. med. ROLF EMMERICH, Zur Problematik der Leberzirrhose
1964. 16 Seiten — 5 Abbildungen — 1 Tabelle — 8° — M 1,85

Heft 4*) Prof. Dr. med. ALBRECHT PEIPER, Kindernöte in alten Zeiten. 1964

Heft 5 Prof. Dr. WOLFGANG LANGENBECK, Über den Mechanismus von Enzymwirkungen
1965. 19 Seiten — 7 Abb., davon 4 vierfarbig — 8° — M 4,40

Heft 6*) Prof. Dr. WALTER BREDNOW, Tier und Mensch in Goethes naturwissenschaftlicher Sicht. 1965

Heft 7 Prof. Dr. HERBERT STAUDE, Versuche zur Natur des latenten Bildes und ihre Deutung
1965. 33 Seiten — 7 Abbildungen — 8° — M 2,00

Band 107

Heft 1 Prof. Dr. OTT-HEINRICH KELLER, Die Homologiegruppen der Flächen 3. Ordnung
1965. 15 Seiten — 8° — M 2,30

Heft 2 Prof. Dr. FRANZ RUNGE, Grignard und die nach ihm benannte Synthese
1966. 17 Seiten — 3 Abbildungen — 8° — M 2,30

Heft 3 Prof. Dr. KARL SCHMALFUSS, Zur Kenntnis der Bodenbildung
1966. 13 Seiten — 4 Tabellen — 8° — M 1,40

Heft 4 Dr. BODO RENSCHUCH, Verallgemeinerungen des Bezoutschen Satzes
1966. 41 Seiten — 8° — M 4,50

Heft 5 Prof. Dr. med. ROLF EMMRICH, Realität und Theorien des Alterns
1966. 20 Seiten — 9 Abbildungen — 8° — M 2,60

Heft 6 Prof. Dr. WILHELM MAIER, Nichteuklidische Volumina
1967. 20 Seiten — 16 Abbildungen — 8° — M 2,80

Heft 7 Dr. LOTHAR VON WOLFERSDORF, Zur Berechnung optimaler Strategien für Spiele über dem Einheitsquadrat mit an der Hauptdiagonalen unstetigen Auszahlungsfunktionen
1968. 53 Seiten — 8° — M 5,70

Band 108

Heft 1 Prof. Dr. PAUL GÖRLICH / Dipl.-Phys. DETLEF GÜLDNER / Dr. HANS-JOACHIM POHL, „Elektronische Spektralmessung" mit steuerbaren Photovervielfachern
1967. 12 Seiten — 9 Abbildungen — 1 Tabelle — 8° — M 2,10

Heft 2 Prof. Dr. MANFRED GERSCH, Neuroendokrinologie der Insekten
1968. 33 Seiten — 12 Abbildungen — 1 Kunstdrucktafel — 8° — M 4,—

Heft 3 Prof. Dr. HASSO ESSBACH, Die Bedeutung der Morphologie in der Heilkunde
1968. 16 Seiten — 1 Textabb. — 13 Abb. auf 8 Kunstdrucktaf., davon 11 vierfarbig
8° — M 12,80

Heft 4 Prof. Dr. OTT-HEINRICH KELLER, Über eine Definition von S. Lefschetz in der topologischen Schnitttheorie *In Vorbereitung*

Heft 5 Prof. Dr. WOLFGANG TUTSCHKE, Das Reziprozitätstheorem für eine Klasse pseudoholomorpher Funktionen mehrerer komplexer Variabler *Vorliegendes Heft*

*) *vergriffen*

Einzel- oder Fortsetzungsbestellungen durch eine Buchhandlung erbeten.
Vor 1945 erschienene Berichte antiquarisch durch den Akademie-Verlag, Berlin, zum Teil noch lieferbar

AKADEMIE - VERLAG · BERLIN

FSC
www.fsc.org
MIX
Papier | Fördert gute Waldnutzung
FSC® C083411

Kolibri 360 GmbH
Ferdinand-Jühlke-Straße 7
99095 Erfurt, Deutschland
produktsicherheit@kolibri360.de